BEI GRIN MACHT SICH IHR
WISSEN BEZAHLT

Bibliografische Information der Deutschen Nationalbibliothek:

Die Deutsche Bibliothek verzeichnet diese Publikation in der Deutschen National-
bibliografie; detaillierte bibliografische Daten sind im Internet über http://dnb.d-
nb.de/ abrufbar.

Impressum:

Copyright © 2015 GRIN Verlag, Open Publishing GmbH
Druck und Bindung: Books on Demand GmbH, Norderstedt Germany
ISBN: 9783668237575

Dieses Buch bei GRIN:

http://www.grin.com/de/e-book/324031/hilfe-bei-rechenschwaeche-durch-diagnose-
und-gezielte-foerderung

Franziska Feß

Hilfe bei Rechenschwäche durch Diagnose und gezielte Förderung

Eine konkrete Betrachtung anhand eines Fallbeispiels

GRIN Verlag

GRIN - Your knowledge has value

Der GRIN Verlag publiziert seit 1998 wissenschaftliche Arbeiten von Studenten, Hochschullehrern und anderen Akademikern als eBook und gedrucktes Buch. Die Verlagswebsite www.grin.com ist die ideale Plattform zur Veröffentlichung von Hausarbeiten, Abschlussarbeiten, wissenschaftlichen Aufsätzen, Dissertationen und Fachbüchern.

Besuchen Sie uns im Internet:

http://www.grin.com/

http://www.facebook.com/grincom

http://www.twitter.com/grin_com

Inhaltsverzeichnis

Einleitung

„Rechnen muß ein Knabe lernen, damit er sein Leben berechne; denn die gesamte Vernunft, zumal die Führung menschlicher Dinge, heißt Rechnen." [sic!]
(Zitat von Johann Gottfried von Herder, deutscher Philosoph und Theologe)

Rechnen gehört zum Alltag eines Jeden, wir brauchen es beim Einkaufen, beim Tisch decken, beim Bauen, beim Bezahlen und so weiter. Oft ist uns nicht bewusst, welche Hürden wir als Kinder meistern mussten, um das Rechnen zu erlernen. Einen wichtigen Beitrag in dieser Entwicklung leistet die Bildung innerhalb der Schule und des Kindergartens. Hier müssen grundlegende Inhalte und Kompetenzen vermittelt werden, um die Schülerinnen und Schüler zur Meisterung des Lebens, inklusive dem Rechnen, zu befähigen. In allen Schulformen und Fächern stellen Lehrpersonen fest, dass die Heterogenität der Schülerschaft zunimmt. Auch im Mathematikunterricht der Grundschule gibt es große Unterschiede bezüglich der Kompetenz und Leistung der Schülerinnen und Schüler. Sehr schwache Schüler sind besonders gefährdet, denn nicht entwickelte grundlegende Kompetenzen stellen Lücken dar, die ein Leben lang vorhanden sein können und den weiteren (schulischen) Erfolg beeinflussen. Die Aufgabe des Lehrers ist es, zumindest den Versuch zu unternehmen, alle Schülerinnen und Schüler von ihrem Standpunkt abzuholen und entsprechend ihrer Bedürfnisse zu fördern, dies gilt sowohl für das Fach Mathematik, als auch für alle anderen Fächer. Um diesen Standpunkt zu ermitteln, muss der Lehrer einen Weg finden, Schwächen und Stärken zu diagnostizieren. An dieser dargestellten Situation knüpft diese Arbeit an: *individuelle Diagnose und Förderung aller Kinder beim Lernen von Mathematik*, dem Titel des Seminars entsprechend. In dieser Arbeit wird vorweg eine wissenschaftliche Grundlage geschaffen und anschließend der konkrete Fall einer Förderung dargestellt. Die Basis des ersten Teils ist eine Darstellung des Erwerbs des Zahlkonzepts. Es folgt die nähere Betrachtung der bereits angesprochenen „schwächeren Kinder", wobei insbesondere auf die begriffliche Vielfalt bei der Bezeichnung dieser Kinder eingegangen wird. Anschließend wird erläutert, welche Rolle die Diagnostik im schulischen Kontext einnimmt, und inwiefern sie praktiziert werden kann. Der zweite Teil der Arbeit, die Fallauslegung, beginnt mit der Bedingungsfeldanalyse des Förderkindes, daraufhin wird der diagnostische Test beschrieben, interpretiert und analysiert. Aufgrund dieser Testung wird eine Förderung, samt Förderplan und Material entwickelt, welche ebenfalls erläutert und reflektiert wird. Dadurch ergibt sich folgende Forschungsfrage, die durch diese Arbeit beantwortet werden soll: *Inwiefern kann Diagnose und gezielte Förderung einer Rechenschwäche entgegengewirkt werden? – Eine konkrete Betrachtung anhand eines Fallbeispiels.*

Teil A: Wissenschaftliche Grundlegung

1. Erwerb des Zahlkonzepts

Zentral im Mathematikunterricht der Grundschule ist, neben Geometrie und Sachrechnen, der Inhaltsbereich der Arithmetik. Voraussetzung zum Erlangen einer Kompetenz in diesem Bereich ist es, ein Zahlbegriffsverständnis zu entwickeln, die Zahlenwörter in eine Relation zueinander zu setzen und in Verbindung damit, Zählstrategien zu entwickeln. Erst wenn ein sicheres und gleichzeitig flexibles Zahlkonzept vorhanden ist, kann der Schritt zum eigentlichen strategieorientierten Rechnen stattfinden. Im folgenden Kapitel wird nun dargestellt, wie sich der Erwerb des Zahlkonzeptes zusammensetzt und entwickelt. (Scherer & Moser Opitz, 2012)

1.1 Zahlbegriff

Zentral im Anfangsunterricht, und bedeutend für das weitere Leben, ist der Erwerb eines Zahlbegriffsverständnisses im Kindesalter. In der Fachwissenschaft der Mathematik wird erfasst, was der Zahlbegriff meint, dennoch ist es eine Herausforderung, diese Kenntnisse in die Mathematikdidaktik zu übertragen. Aus dem Alltag kennen die Kinder bereits die verschiedenen Verwendungsaspekte von Zahlen, demnach wird in der Mathematikdidaktik der Zahlbegriff über die verschiedenen Zahlaspekte definiert. Für die Unterrichtspraxis ist es nicht sinnstiftend, die Zahlaspekte als solche zu thematisieren, sondern es sollte darauf geachtet werden, dass diese innerhalb des Mathematikunterricht indirekt und gleichmäßig verteilt vorkommen, sodass der Zahlbegriff vollständig erschlossen werden kann. Es werden nach Padberg und Benz (2011) folgende Zahlaspekte unterschieden:

- **Kardinalzahlaspekt**

  Hierbei repräsentiert die Zahl eine Mächtigkeit bzw. Anzahl (z.B. 20 Äpfel).

- **Ordinalzahlaspekt**

  Es wird einer Zahl ein gewisser Rangplatz zugeordnet (z.B. der fünfte Apfel).

- **Maßzahlaspekt**

  Die Zahl gibt eine Größe an (z.B. 15 Minuten).

- **Operatoraspekt**

  Beschrieben wird in diesem Fall die Vielfachheit eines Vorgangs (z.B. fünfmal Würfeln).

- **Rechenzahlaspekt**

  Hier wird nochmals unterschieden in:

  o Algebraischer Aspekt, welcher auf der Gültigkeit algebraischer Gesetzmäßigkeiten beruht.

o Algorithmischer Aspekt, der beschreibt, dass aufgrund gewisser Algorithmen gerechnet werden kann.

- **Kodierungsaspekt**

Die Zahl bezeichnet ein gewisses Objekt (z.B. die Postleitzahl)

1.2 Prozess der Zählentwicklung

Vordergründig sichtbar bzw. hörbar ist beim Zählen die verbale Versprachlichung der Zählwörter im Sinne der Zahlwortreihe. Fuson (1988) erklärt, dass die Kinder mit der verbalen Form des Zählens sehr früh durch Familie und Geschwister in Verbindung kommen. Im Laufe der kindlichen Entwicklung ist demnach ein Prozess festzustellen, der Fuson in folgende Phasen gliedert:

a. **String Level**

Die Zahlwörter sind für das Kind eine Art Lied oder Sprechreim, die Elemente werden nicht gezählt und es liegt noch keine Bewusstheit bezüglich der kardinalen Bedeutung vor.

b. **Unbreakable List Level**

Hier werden die Zahlwörter als Einheit verstanden, es muss beim Zählen immer bei „1" begonnen werden. Allerdings besteht eine „Eins-zu-Eins-Korrepondenz" zwischen den Zahlwörtern und den Gegenständen, die gezählt werden.

c. **Breakable Chain Level**

Nun kann das Kind von einer beliebigen Startzahl weiterzählen, rückwärtszählen gelingt dem Kind nur teilweise.

d. **Numerable Chain Level**

Die Zahlwörter werden als einzelne Mengen betrachtet und es wird, um eine gewisse Anzahl von Schritten, weitergezählt.

e. **Bidirectional Chain Level**

Zählen erfolgt vorwärts und rückwärts sicher von jeder Zahl aus.

1.3 Modell zum Aufbau des Zahlbegriffs

Nach Krajewski und Schneider (2009) werden drei Ebenen bei der Entwicklung des Zahlbegriffs unterscheiden. Die erste Ebene beschreibt das Vorhandensein von *Basisfertigkeiten*. Zu diesen gehören das Erfassen von Mengen mit „1" bis „4" Elementen und das Vergleichen von Mengen, wobei dies aufgrund räumlicher und nicht aufgrund numerischer Einschätzung geschieht. Hierbei merken Krajewski und Schieder an, dass die Kenntnis der Zahlwörter (Vgl. Teil A, Kapitel 1.2) Voraussetzung für diese

Ebene ist. Die zweite Ebene ist durch den Erwerb des *Anzahlkonzepts* gekennzeichnet. Dabei wird dem Individuum bewusst, dass eine Menge durch eine Zahl und umgekehrt darstellbar ist, wobei *Zwischenphasen* auftreten. Das Individuum weiß zu Beginn, dass bestimmte Zahlwörter in die Kategorie „groß" oder „klein" gehören, z.B. die Zahl „1" ist klein, die Zahl „100" ist groß. Allerdings können innerhalb dieser Kategorisierung keine Abstufungen erkannt werden, z.B. ist unklar, ob die „19" oder die „20" größer ist. Aus dieser Zwischenphase entwickelt sich ein kardinales Verständnis, durch das Mengen gezielt mit Zahlen benannt werden können. Dementsprechend sind die Verhältnisangaben bezüglich der Größe nun konkreter. Zu dieser Ebene gehört auch das Verständnis der *Zählprinzipien* (Vgl. Teil A, Kapitel 1.4). Bei der dritten und letzten Ebene werden *Mengenrelationen als Anzahlen* wahrgenommen, d.h. dass das Individuum ein arithmetisches Verständnis von Zahlen entwickelt. Weiter bedeutet dies, dass die Erkenntnis erlangt wird, dass Zahlen sich zum einen aus anderen Zahlen zusammensetzen und zum anderen die Beziehung zwischen Zahlen modellieren können.

1.4 Zählprinzipien

Das „Zählen" kann in verschiedene Kontexte eingebettet sein: zum einen in einem *sequenziellen Kontext*, d.h., dass die Zahlwörter sprachlich (oder gedanklich) reproduziert werden. In welchen Stadien diese Reproduktion abläuft, wird in Teil A, Kapitel 1.3 genauer beschrieben. Zum anderen wird in einem *Zählkontext* gezählt, wobei hier Zahlwörtern reale Gegenstände zugeordnet werden. Hier wird zusätzlich zu der sprachlichen Reproduktion eine Zuordnung zwischen Zahlwort und Gegenstand verlangt, wodurch im Vergleich zum sequenziellen Kontext ein höheres Niveau an Kompetenz benötigt wird. Das Kind erlangt durch das Zählen im Zählkontext eine numerische Vorstellung bezüglich des Zahlwortes. Dadurch schließt sich der Kreis zwischen Zählentwicklung, und Zahlbegriff (Vgl. Krauthausen & Scherer, 2008). Gelman und Gallistel (1978) haben diesbezüglich fünf Zählprinzipien herausgestellt:

a. Eindeutigkeitsprinzip
Es wird jeden Gegenstand nur ein Zahlwort zugeordnet.

b. Prinzip der stabilen Ordnung
Die Reihenfolge der Zahlwörter ist stets gleich.

c. Kardinalprinzip
Die letzte Zahl beim Zählen gibt die Anzahl der Gegenstände an.

d. Abstraktionsprinzip
Die Beschaffenheit der Gegenstände ist für das Zusammenfassen beim Zählen unerheblich.

e. Prinzip der beliebigen Reihenfolge

Sowohl Anordnung als auch Reihenfolge der Gegenstände beim Zählen ist ohne Belangen beim Zählen.

2. „Probleme beim Rechnen"

Im Folgenden wird die Bandbreite an Begriffen dargestellt, die „Probleme beim Rechnen" beschreiben. Zusätzlich werden verschiedene Ansätze aufgezeigt, wie diese kategorisiert werden können. Abschließend wird resümiert und dargestellt, welche Definitionen und Abgrenzungen für diese Ausarbeitung gelten, und welche Erscheinungsbilder und Ursachen der Rechenschwäche innerhalb der Wissenschaft herangezogen werden.

2.1 Begriffliche Vielfalt

Besonders schwachen Schülern im Fach Mathematik wird schnell ein Stempel aufgedrückt, sie hätten eine Rechenschwäche, Rechenstörung oder Dyskalkulie. Lorenz und Radatz (2008) führen 40 verschiedenen Begriffen für dieses „Versagen in grundlegenden Fertigkeiten des Rechnens" (Krajewski, 2003, S.15) auf. Diese Begriffe hängen miteinander zusammen und werden geradezu inflationär verwendet. Es bedarf also Definitionen, die diese Begriffe voneinander abgrenzen, wozu erst einmal verschiedene Ursachen und Escheinungsbilder charakterisiert werden müssen. Krajewski (2003) unterteilt die Begriffe in lediglich drei Kategorien: *Rechenschwäche, Dyskalkulie* und *Akalkulie*. Alle anderen Bezeichnungen können seines Ermessens in eine dieser Kategorien eingeordnet werden. *Rechenschwäche* beschreibt laut Krajewski die schwache Leistung einer Schülerin oder eines Schülers im Fach Mathematik. Diese Definition ist analog zu der, der Lese-Rechtschreib-Schwäche. Wissenschaftlich normiert sind die dabei angelegten Kriterien nicht, sie sind abhängig von der testenden Person. Eine Schülerin oder ein Schüler hat nach Krajewski *Dyskalkulie*, wenn eine starke Diskrepanz zwischen der Leistung im Fach Mathematik und der allgemeinen Intelligenz vorliegt. Im Allgemeinen würde dies heißen, dass gleichzeitig eine mindestens durchschnittliche Intelligenz und eine schwache bis stark unterdurchschnittliche Leistung in Mathematik gegeben sein muss. Demnach ist nach Krajewski der entscheidende Faktor, ob ein Kind rechenschwach oder dyskalkulisch ist, die Intelligenz des Kindes im Verhältnis zur mathematischen Leistung.

Der Begriff der *Akalkulie* stammt von Henschen (1919) und meint eine schwache mathematische Leistungsfähigkeit, welche durch eine Hirnschädigung begründbar ist.

Eine anderes Begriffsverständnis hat die zehnte Revision der Internationalen Klassifikation der Krankheiten, die ICD-10 (im Englischen: International Classification of Diseases). Gegründet von der Weltgesundheitsorganisation (WHO), bestand hier die Absicht, Krankheiten einheitlich zu klassifizieren.

Die Rechenstörung wird hier zu den Entwicklungsstörungen schulischer Fertigkeiten gezählt und wie folgt definiert:

„Diese Störung besteht in einer umschriebenen Beeinträchtigung von Rechenfertigkeiten, die nicht allein durch eine allgemeine Intelligenzminderung oder eine unangemessene Beschulung erklärbar ist. Das Defizit betrifft vor allem die Beherrschung grundlegender Rechenfertigkeiten, wie Addition, Subtraktion, Multiplikation und Division, weniger die höheren mathematischen Fertigkeiten, die für Algebra, Trigonometrie, Geometrie oder Differential- und Integralrechnung benötigt werden." (Dilling & Mombour & Schmidt, 1993)

Klewitz, Köhnke und Schipper (2008) unterscheiden zwischen den Begriffen *Rechenschwäche, Rechenstörung* und *Dyskalkulie*. Im Sprachgebrauch wird der Begriff *Dyskalkulie* eher im medizinisch-psychologischen Kontext verwendet. Dabei wird suggeriert, dass der oder die Betroffene an einer Krankheit leidet, bei der die Zuständigkeit auf medizinisch-psychologischer Seite gesucht wird. Die Mathematikdidaktik nutzt hingegen eher die Bezeichnungen *Rechenschwäche* und *Rechenstörung*. Bezeichnend dabei ist, dass die Probleme hauptsächlich beim Rechnen im schulischen Kontext liegen und auch hier behoben werden können. Klewitz, Köhnke und Schipper versuchen eine definitorische Abgrenzung dieser drei Begriffe durch den *Diskrepanzansatz* und den *phänomenologischen Ansatz*. Der *Diskrepanzansatz* von Klewitz, Köhnke und Schippe deckt sich mit dem definitorischen Verständnis von Krajewski. Demnach liegt eine Dyskalkulie vor, wenn die mathematische Kompetenz bzw. die Leistung beim Rechnen erheblich unter dem zu erwartenden Niveau liegt, dabei aber gleichzeitig die Intelligenz nicht beeinträchtigt ist bzw. keine verminderte Leistung in anderen Fächern vorliegt.

Der *phänomenologische Ansatz* berücksichtigt Art, Häufigkeit und Dauerhaftigkeit von Fehlleistungen beim Rechnen und der Lösung von sonstigen Mathematikaufgaben. Dabei muss zu definitorischen Zwecken in Bezug auf das Definitionsmerkmal *Art* unterschieden werden zwischen „normalen" Fehlern der leistungsstärkeren Schülerinnen und Schülern innerhalb des Lernprozesses und den Fehlern der schwachen Schülerinnen und Schülern. Augenscheinlich handelt es sich um die gleichen Fehler, allerdings ist festzustellen, dass die rechenschwachen Schülerinnen und Schüler sehr häufig Fehler machen und diese durch unterschiedliche Fehlstrategien und Fehlkonzepten begründbar sind, die über Jahre verfestigt sind bzw. sich verfestigen können, wenn diese nicht behoben werden. Die leistungsstärkeren Schülerinnen und Schüler machen tendenziell eher weniger Fehler und lernen aus diesen.

2.2 Begriffsbestimmung: Rechenschwäche

Es wurde deutlich, dass Rechenschwäche kein wissenschaftlich einheitlich definierter Begriff ist. Allerdings muss für diese Arbeit eine Abgrenzung getroffen werden, um Eindeutigkeit zu gewährleisten.

In diesem Sinne wird hier die Rechenschwäche auf Grundlage des phänomenologischen Ansatz nach Klewitz, Köhnke und Schipper verstanden, da dieser meiner Meinung nach für den Kontext der Schule am geeignetsten ist. Laut Klewitz, Köhnke und Schipper hat der Diskrepanzansatz durchaus seine Berechtigung im Forschungskontext, allerdings wäre diese Unterteilung in der Schule nicht sinnvoll. Untermauert wird die Definition nach Klewitz, Köhnke und Schipper durch die Kategorisierung nach Krajewski, welche ebenfalls in Teil A, Kapitel 2.1 beschrieben wurde. Krajewski differenziert zwischen Rechenschwäche, Dyskalkulie und Akalkulie. Anzumerken ist, dass die Lehrperson eine Dyskalkulie nicht diagnostizieren kann. Es bedarf eines Intelligenztests bei einem Psychologen (Vgl. Diskrepanzansatz). Gleiches gilt für die Akalkulie. Demnach wird in dieser Arbeit der Begriff der *Rechenschwäche* verwendet und sich auch näher mit dieser beschäftigt, da diese von der Lehrperson diagnostiziert und auch behoben werden kann. Diese Rechenschwäche eines Kindes wird im Gegensatz zur WHO nicht als Krankheit oder Störung verstanden, sondern als „Schwierigkeit beim Rechnen" (Vgl. Diskrepanzansatz). Dabei wird davon ausgegangen, dass das Kind ein Fehlkonzept oder Fehlvorstellung hat, welche das Verständnis und damit die Leistung des Kindes massiv beeinflusst. Im Nachfolgenden wird die Rechenschwäche bezüglich ihres Erscheinungsbildes und hinsichtlich möglicher Ursachen dargestellt.

2.2.1 Erscheinungsbild der Rechenschwäche

Die Symptomatik der Rechenschwäche wird in der Literatur verschieden skizziert. Wissenschaftliche Einigkeit ist nicht gegeben, weshalb verschiedenste Merkmale beschrieben werden. In Bezug zum schulischen Alltag können diese Merkmale als Warnzeichen verstanden werden, auf die die Lehrperson achten sollte. Nach Warnke (2000) sind Anzeichen für eine Rechenschwäche Probleme bei der Zahlensemantik[1] und die sprachliche Verarbeitung von Zahlen. Klewitz, Köhnke und Schipper (2008) stellen vier Symptome heraus, die auf eine Rechenschwäche bzw. Rechenstörung hinweisen, wobei die ersten zwei als Hauptsymptome gelten. Das erste Symptom ist das *verfestigte zählende Rechnen*. Das Zählen, um eine Mathematikaufgabe zu lösen, ist im ersten Schuljahr d.h. zu Beginn der Schulzeit legitim und entwicklungsgerecht. Allerdings sollte dieses Verfahren sukzessive in ein strategieorientiertes Rechnen übergehen. Löst das Kind in der zweiten Klasse Mathematikaufgaben wie z.B. „45+9" noch zählend, besteht die Gefahr, dass eine Rechenschwäche oder Rechenstörung entsteht oder bereits entstanden ist. Der Übergang vom zählenden zum rechnenden Lösen der Aufgabe ist essentiell für weitere Bereiche in

---

[1] Zahlsemantik meint laut Warnke (2000), das fehlende Verständnis von Rechenoperationen, Probleme bei der Mengenerfassung und u.a. das Schätzen Schwierigkeiten bereitet.

der Mathematik z.B. das Stellenwertverständnis. Das zweite Hauptsymptom ist das Problem der Unterscheidung von rechts und links. Im Mathematikunterricht ist die Kenntnis über rechts und links Voraussetzung für viele Arbeiten, besonders für solche mit Material, sei es der Zahlenstrahl, die Rechenschieber oder die Hundertertafel. Die Schwierigkeiten bei der Erfassung von links und rechts können also sowohl Symptom als auch Ursache einer Rechenschwäche sein, wenn z.B. Material von der Schülerin oder dem Schüler nicht korrekt genutzt werden kann.

Nach Bruner (1966) gibt es drei verschiedene Darstellungsarten von Wissen: *enaktiv* (durch handeln), *ikonisch* (durch Bilder) und *symbolisch* (durch Zeichen oder Sprache). Verfügen Kinder über ein flexibles ganzheitliches Wissen können sie intermodal zwischen den Darstellungen wechseln. Aus dieser Tatsache ergibt sich ein weiteres Symptom, das *Intermodalitätsproblem*, welches vorliegt, wenn die Schülerin oder dem Schüler der Wechsel der Darstellung nicht gelingt.

Das letzte Symptom ist die *einseitige Zahl- und Operationsvorstellung*, demnach gehen die Kinder davon aus, dass Mathematik immer nach der „richtigen Regel" abläuft und ein falsches Ergebnis auf eine falsche Regel zurückfällt. Dadurch wird das Lösen einer Aufgabe, sowie die Mathematik im Allgemeinen, zur bedeutungslosen Regelanwendung.

2.2.2 Mögliche Ursachen der Rechenschwäche

Über mögliche Ursachen einer Rechenschwäche gibt es in der Wissenschaft und Literatur diverse Meinungen. Das Spektrum reicht von erblichen und personalen Faktoren, über den Einfluss der (Lern-) Umgebung zu der Leistung des Gehirns. Da definitorisch die Möglichkeit einer Hirnstörung im Falle einer Rechenschwäche bzw. Rechenstörung ausgegrenzt wurde, wird diese Ursache vernachlässigt. Es gilt nun, sich dem familiären, sozialen und schulischen Umfeld zu widmen, sowie der Erblichkeit und den personalen Ursachen. Zu der Erblichkeit sagt Gerster (2004), es sei „noch kein Gen gefunden worden, das man für Rechenschwäche verantwortlich machen könnte" (S. 3).

Der Einfluss der Familie und des sozialen Umfeldes können ebenfalls einen großen Einfluss auf die Entwicklung mathematischer Kompetenzen haben. Wird das Kind in seinem Lernprozess nicht unterstützt, können dadurch Nachteile entstehen. Im familiären Kontext gibt es eine Vielzahl von Faktoren, die diese Benachteiligung katalysieren, beispielsweise die finanzielle Lage in Situationen, in denen Nachhilfe oder Material gebraucht wird. Aber auch die Hilfe bei den Hausaufgaben oder Aufmerksamkeit in Lernsituationen von elterlicher Seite können entscheidend sein. (Vgl. Fritz & Opitz, 2008) Des Weiteren könnten Ursachen aber auch bei dem Kind selbst liegen. Jede Schülerin und jeder Schüler verfügt über andere Fähigkeiten und anderes Vorwissen. Ebenso stellen Motivation, Interesse und

Konzentrationsfähigkeit Variablen dar, die sich bei jeder Schülerin und jedem Schüler anders präsentieren. Ein Zusammenspiel dieser individuellen Faktoren könnte für die Entstehung einer Rechenschwäche entscheidend sein, z.b. wenn wegen fehlender Motivation und mangelndem Interesse keine Hausaufgaben erledigt werden, und dadurch eine Automatisierung nicht stattfinden kann. Diese personellen Faktoren hängen allerdings eng zusammen mit der schulischen Umgebung, was eine weitere Ursache darstellen könnte. Die Lehrperson spielt dabei eine entscheidende Rolle, unter anderem für die Motivation der Schülerinnen und Schüler, ebenso die Gestaltung des (Mathematik-) Unterrichts. Aber auch banalere Faktoren wie das Lehrbuch oder Material können das Lernen der Schülerinnen und Schüler beeinflussen. Im Allgemeinen lässt sich allerdings feststellen, dass die Lehrperson im schulischen Alltag kaum Zeit hat, einzelne Kinder individuell zu testen und zu fördern, um so der Rechenschwäche zu entgegen. Klassengröße und Stundenplan lassen dies meist nicht zu. Hinzukommt, dass eine Rechenschwäche oft erst von der Lehrperson erkannt wird, wenn Fehlstrategien bzw. Fehlkonzepte bereits verfestigt sind. So kann man festhalten, dass die Lehrperson oder der Unterricht gleichzeitig Ursache und Lösung einer Rechenschwäche sein können. (Vgl. Klewitz, Köhnke, Schipper, 2008)

3.   Diagnostik im schulischem Kontext

Der Diagnostik im pädagogischen Sinn kommt im schulischen Kontext eine große Bedeutung zu. Dabei werden zwei Ziele angestrebt: Defizite des Schülers in Bezug auf Inhalt und Verständnis aufzudecken und die kognitiven Probleme des Schülers zu extrahieren, welche den Misserfolg verursacht bzw. begünstigt haben. (Vgl. Lorenz, 2014)

Generell werden bei Leistungs- bzw. Persönlichkeitstest zwei Arten von Tests, der *standardisierte* und der *nicht-standardisierte Test,* unterschieden. Ein Test ist dann standardisiert, wenn er den allgemeinen wissenschaftlichen Standards, Variabilität, Reliabilität und Objektivität entspricht. Daraus folgen *quantitative* Aussagen über den Ausprägungsgrad eines Merkmals z.B. Grad der Intelligenz bei einem IQ-Test. Diese *standardisierten Tests* sind oft veröffentlicht und werden von unterschiedlichen Institutionen angewandt. Bei *nicht-standarisierten Tests* fehlt der wissenschaftliche Anspruch von Objektivität, Reliabilität und Validität, was diese Tests allerdings nicht abwertet. Viel eher ermöglichen es diese Tests, in anderen Bereichen Diagnostik zu betreiben. Die *nicht-standardisierten Tests* sind dadurch wesentlich offener und flexibler, weshalb eher *qualitative* Aussagen gemacht werden können.

3.1   Standardisierte Testmethoden im Mathematikunterricht

Im Fach Mathematik gibt es eine Vielzahl von standardisierten Tests, die die mathematischen Kompetenzen der Schülerinnen und Schülern hinterfragen. Der curriculumsvalide *Deutsche Mathematiktest*

(DeMat) oder der *Hamburger Rechentest* (HaRet) sind nur zwei Beispiele. Außerdem zählen Vergleichsarbeiten wie *VERA 3* ebenso zu den *standardisierten* Tests. Darüber hinaus gibt es noch standardisierte Tests, wie die *Internationale Grundschul-Lese-Untersuchung* (IGLU) oder die Untersuchung *Trends in International Mathematics and Science Study* (TIMSS), die der Öffentlichkeit und damit der Lehrperson nicht zur Verfügung stehen und nur für die Wissenschaft gebraucht werden. Bei standardisierten Tests steht vor allem die Zuordnung, ob eine Kompetenz vorhanden ist oder noch nicht, im Vordergrund. In einigen Fällen wird diese Aussage von Beschreibungen der Schwierigkeiten oder Stärken ergänzt, allerdings werden Denkprozesse und strategische Abwägungen nicht erfasst. Vorteilhaft für die Lehrperson, die einen solchen Kompetenztest in ihrer Klasse durchführen möchte, ist, dass die Ergebnisse gut miteinander vergleichbar sind. Es wird so verhindert, dass die Lehrperson sich außerhalb der Bildungsstandards, z.b. am Klassendurchschnitt oder an subjektiven Einschätzungen, orientiert. Hinzukommt, dass Förder- bzw. Forderbedarf einzelner Kinder im Vergleich mit der Klasse erkennbar wird. Generell sind standardisierte Tests besonders geeignet, um den Lernstand einer *ganzen Klasse* zu ermitteln, und infolgedessen stellen sie eine Art Rückmeldung bezüglich des Mathematikunterrichtes dar, welche für die Lehrperson hilfreich sein kann. Bei standardisierten Tests besteht allerdings die Gefahr des „Deckeneffekts", laut Lorenz (2006) wird dies besonders beim HaRet deutlich, dessen einzelne Aufgaben bewusst „*so konstruiert [sind], dass sie möglichst im unteren Leistungsbereich differenzieren*" und so „*ein Deckeneffekt für die leistungsstärkeren Schülerinnen und Schüler [...] bewusst in Kauf genommen*" (Lorenz 2006, S. 6) wird. Unter Deckeneffekt versteht man, dass der Test absichtlich so konzipiert ist, dass mittel bis starke Schülerinnen und Schüler sämtliche Aufgaben lösen können, und dadurch mögliche Schwächen oder Stärken dieser Schülerinnen und Schüler nicht mehr nachvollziehbar sind. Im Gegensatz dazu ist beabsichtigt, dass schwächeren Schülerinnen und Schüler, durch die für sie schwierigen Aufgaben, offenlegen, an welchen Stellen sie Probleme haben. (Vgl. Guder, 2011)

3.2   Nicht-standardisierte Testmethoden im Mathematikunterricht

Laut Nestle (2003) ist der individuelle Förderbedarf einer Schülerin oder eines Schülers durch qualitative Diagnosen zu treffen. Eine Umsetzungsmöglichkeit solcher qualitativen Diagnosen ist die *qualitative Fehleranalyse*. Laut Lorenz und Radatz (2008) ist durch diese Methode möglich, Lernschwierigkeiten von Schülerinnen und Schüler hinsichtlich des Lösens von Mathematikaufgaben zu identifizieren. Im Zentrum der Betrachtung liegen dabei schriftliche Lösungen, die hinsichtlich Lösungsstrategie und Fehlermuster analysiert und interpretiert werden. Entsprechend diesem diagnostischen Vorgangs kann dann ein Förderprogramm ausgewählt werden. Positiv zu bewerten ist hier, dass die Fehler An-haltspunkte bieten, auf welchem Niveau sich die Schülerin oder der Schüler befindet. Lorenz und Ra-datz sehen bei der nachträglichen Betrachtung des schriftlichen Lösungsweges allerdings auch Gren-zen: Die interpretatorischen Ansätze sind rein spekulativ, weshalb es bei der Interpretation immer ei-nen gewissen Spielraum gibt und auch der Fall eintreten kann, dass keine Interpretation gefunden wird. Diese fehlende Transparenz gegenüber der genauen Lösungsstrategie zeigt sich besonders, wenn Schü-lerinnen oder Schüler eine Aufgabe offenbar richtig lösen, obwohl sie eine Fehlvorstellung haben. Des Weiteren ist festzustellen, dass diese Methode in dieser Form nur bei schriftlichen Lösungen anwend-bar ist. Es bedarf also ergänzender Methoden, um den entsprechenden Schüler bzw. die entsprechende Schülerin hinsichtlich ihres Förderbedarf in Mathematik ganzheitlich zu testen. (Born & Oehler, 2014) Die Methode des *Diagnostischen Gespräches* zeigt sich insofern als geeignet, indem sie die qualitative Fehleranalyse durch ein nachträgliches Nachfragen beim Schüler, ergänzt. So soll die spekulative In-terpretation des Lehrers, durch die begründete Erklärung von Schülerseite, gefestigt werden. Nach Lorenz und Radatz stellt diese begründete Erklärung allerdings eine Herausforderung dar, die über die mathematischen Fähigkeiten hinausgehen. Es bedarf zusätzlich der Fähigkeit, eigenes Handeln und Denken durch Selbstbeobachtung reflektiert darzubieten (*Introspektion*). Hinzu kommt die Gefahr, dass der Schüler sich unter Druck gesetzt fühlt. Demnach könnte es zu einer Lenkung durch die Fragen der Lehrperson kommen oder zu Angstzuständen, die durch die direkte Konfrontation mit der Lehrper-son entstehen (Vgl. Lorenz & Radatz, 2008). Eine weitere Methode, durch die Lehrperson Einblick in den Lösungsweg des Schülers bekommt, ist das „*Laute Denken*". Hier wird im Gegensatz zum Diag-nostischen Gespräch nicht nachträglich über die Aufgabe gesprochen, sondern der Schüler soll, unbe-helligt durch die Lehrperson, „laut denken" d.h. seine Gedanken während dem Lösen der Aufgabe aussprechen. So soll gewährleistet werden, dass die Lehrperson mögliche Abwägung über den geeig-netsten Lösungsweg mitbekommt, und der Schüler nicht durch Fragen der Lehrperson irritiert wird. Zusätzlich ist hier die Fähigkeit der *Introspektion* in geringerem Maße zu erbringen, da keine reflek-tierte Nachbetrachtung nötig ist, sondern lediglich verbalisiert werden muss. (Vgl. Krüll, 1994)

Teil B: Fallauslegung

1.   Bedingungsfeldanalyse

Die besuchte Grundschule hat ein sozial-schwaches Einzugsgebiet und weist eine hohe Anzahl von Kindern mit Migrationshintergrund auf, es handelt sich um eine verpflichtende Ganztagsschule. Das Kind, das ich getestet und gefördert habe, besucht die zweite Klasse. Im Vorgespräch mit der Klassenlehrerin wurde ich bereits darauf hingewiesen, dass es zwar im Unterricht allgemein und auch in Mathematik sehr bemüht ist, aber augenscheinlich Probleme in Mathematik hat. Die größten Defizite bestanden laut der Lehrkraft darin, dass das Förderkind keine Vorstellung des Zahlenbegriffes hat. In Folge dessen fällt ihr das strategieorientierte Rechnen sehr schwer. Problematisch ist, dass es seine Probleme selbst nicht erkennt und in den Klassenarbeiten durch ein „Auswendiglernen" von Aufgaben gute Noten schreibt. Das Kind hat ebenfalls einen Migrationshintergrund, weshalb Schwierigkeiten mit der deutschen Sprache vorhanden sind.

2.   Diagnostik: Testung

Lehrer haben eine Vielzahl von Möglichkeiten, die mathematischen Kompetenzen ihrer Schüler zu testen. Wie bereits in Teil A, Kapitel 3 erläutert, wird zwischen standardisierten und nicht-standardisierten Tests unterschieden. In meinem Fall war es sinnvoller, einen nicht-standardisierten Tests zu wählen, da ich nur *ein* Kind und keine Klasse testen und qualitativ analysieren wollte, in welchen Bereichen speziell Förderbedarf besteht. Bei den nicht-standardisierten Tests wählte ich eine Mischform aus der qualitativen Fehleranalyse, dem Diagnostischen Gespräch und dem „Lauten Denken", um eine ganzheitliche Testung zu gewährleisten und dementsprechend einen Förderplan auszuarbeiten. Im Folgenden wird nun das methodische und inhaltliche Vorgehen des Tests beschrieben, sowie einige der daraus resultierenden Ergebnisse exemplarisch interpretiert. Abschließend wird dargestellt, welche allgemeinen Testergebnisse des Kindes herausgestellt werden können bzw. wo Defizite und Stärken im Bereich der mathematischen Kompetenzen vorliegen. Ebenfalls wird überprüft, ob die von der Lehrerin betitelte Rechenschwäche, nach der in Teil A, Kapitel 2.2 festgelegten Definition, durch die Testung belegbar wurde.

2.1.   Testbeschreibung

Bei der Testung wählte ich eine Mischung aus verschiedenen, nicht-standardisierten Testverfahren: der qualitativen Fehleranalyse, dem diagnostischen Gespräch und dem „Lauten Denken". Das heißt, dass ich generell eine Art Interview oder Gespräch mit dem Kind führte, wobei Aufgaben auch schriftlich gelöst wurden. Diese habe ich mir bei der Auswertung, im Sinne der qualitativen Fehleranalyse, genauer angesehen. Das diagnostische Gespräch kam ebenso zum Einsatz, wenn das Kind nicht gerade die Methode des „Lauten Denkens" anwendete. Zusammenfassend lässt sich sagen, dass ich methodisch so testete, dass das Kind Aufgaben löste, sich zu diesen währenddessen und/oder im Anschluss äußerte und ich die Verschriftlichung nochmals interpretierte. Bevor ich auf die genauen Aufgaben des Tests eingehe, möchte ich die Rahmenbedingungen der diagnostischen Testung beschreiben. Die Eingangstestung erfolgte in der ersten Sitzung mit dem Förderkind, sämtliche Informationen zu dem Kind erhielt ich erst am Tag der Testung. Aus diesem Grund war es wichtig, einen Test zu erstellen, der allgemein war und möglichst viele Bereiche abdeckte, um so sämtliche mathematischen Schwächen des Kindes herauszustellen. In der Forschung ist es üblich, am Ende der Förderphase eine Abschlusstestung zu machen. Ich verzichtete darauf, da ich innerhalb der Förderphase beim Lösen jeder Aufgabe im Prinzip aufs Neue testete. Dies lässt sich damit begründen, dass die Methoden der qualitativen Fehleranalyse, des diagnostisches Gespräch und das „Laute Denken" angewandt wurden. Stattdessen entschied ich mich, ein abschließendes Reflexionsgespräch mit dem Kind durchzuführen, bei dem wir beide festhielten, wie sich die Förderung auf die mathematischen Kompetenzen ausgewirkt hat.

Der Test war schwerpunktmäßig auf die Arithmetik festgelegt. Dies hatte den Grund, dass dieser Bereich verstärkt im ersten und meist auch im zweiten Schuljahr behandelt wird und Frau Dimartino (Seminardozentin) uns im Vorfeld informierte, dass die Kinder damit am meisten Probleme hätten. Es wurden folgende Bereiche getestet: Zählen, Zahlerfassung, Rechnen, intermodaler Transfer, Rechts-Links-Unterscheidung/Schreiben, Räumliche Vorstellung. Der genaue Eingangstest ist dem Anhang zu entnehmen (siehe Anhang 1), wo auch festgehalten wurde, inwiefern die Testaufgabe gelöst wurde. (siehe Anhang 2) Konkretere Analysen einzelner exemplarisch ausgewählter Aufgaben befinden sich im nachfolgenden Kapitel.

2.2. Exemplarische Interpretation der Ergebnisse

Die meisten der Aufgaben wurden mit Material oder mündlich ausgeführt, weshalb diese hier nicht aufgeführt werden können. Die einzelnen Lösungen des Kindes sind dem ausgefüllten Eingangstest (siehe Anhang 2) zu entnehmen. Nun sollen einige Aufgaben dargestellt und analysiert werden, die schriftlich oder zeichnerisch fixiert wurden.

Eine Aufgabe im Bereich *Rechnen* lautete „10+20" (siehe Anhang 12). Beabsichtigt war, dass das Kind die Analogie zu „1+2" erkennt. Allerdings erkannte das Kind diese nicht und löste die Aufgabe durch wiederholtes Addieren („10+10+10"). Dieses Vorgehen stellt eine andere Strategie dar, als die von mir beabsichtigt war. Dies muss man von zwei Seiten bewerten, zwar ist die Analogie dem Kind in diesem Fall nicht bewusst, allerdings ist es dem Kind als Kompetenz zuzurechnen, dass es die Strategie des wiederholten Addierens angewendet hat. Hierbei wird deutlich, dass jeder eine Aufgabe anders löst und andere Strategien anwendet.

Eine weitere Aufgabe im Bereich *Rechnen* lautete „50+30" (siehe Anhang 13). Hier sollte ebenfalls die Analogie zu „5+3" erkannt werden und dementsprechend gelöst werden. Zuerst machte das Förderkind einen Stellenwertfehler, indem es den Zehner „3" zu dem Einer „0" zählte. Kurz darauf fiel ihm auf, dass es bei der vorangehenden Aufgabe („2+3" und „20+30") „ganz leicht war" (Zitat Förderkind). Daraufhin strich sie das Ergebnis durch und löst die Aufgabe korrekt. Dies zeigt, dass das Förderkind sehr lernfähig ist, wenn es einen Vorgang verstanden hat. Zwar fehlt das hintergründige Verständnis der Analogie, allerdings lässt auf diesem Fundament gut aufbauen.

Ein weiterer getesteter Bereich war der *Intermodale Transfer*. Hierbei sollte das Förderkind eine von mir erzählte Rechengeschichte (*„Ich habe 5 Bonbons. Anna gibt mir noch 3 dazu. Wie viele habe ich?"*) enaktiv mit Material darstellen, ein Bild dazu malen, und die Aufgabe symbolisch verschriftlichen (siehe Anhang 14). Dies gelang ihr gut, wobei sie nicht verstand, was ich mit dem „Bild malen" meinte. Ich erklärte ihr, dass sie sich vorstellen soll, dass sie die Zahlen noch nicht schreiben kann und deshalb die Aufgabe „malen" muss. Sie fragte unsicher „also die Bonbons malen?", woraufhin ich entgegnete, dass sie es einfach probieren solle. Das Ergebnis waren verschieden farbige Bonbons, die die einzelnen Mengen zeigen sollten. Sie erklärte mir nach dem Malen, dass sie die roten und pinken Bonbons „zusammengemalt" hat, daran würde man sehen, dass es sich um 8 Bonbons handelt. Am Schluss wollte sie gerne noch die „Anna" malen, weil sie in der Geschichte auch vorkam. Es ist ersichtlich, dass das Kind versteht, wie eine Aufgabe auf verschieden Arten dargestellt werden kann. Der intermodale Transfer bereitet ihr demnach vermutlich weniger Probleme.

Bei der letzten analysierten Aufgabe sollte das Kind Zahlen aufschreiben, damit hatte es generell Probleme. Besonders deutlich wird dies an der Verschriftlichung der Zahl „27" (siehe Anhang 15). Wie in Teil A, Kapitel 2.2.1 aufgeführt, sind Probleme mit der Links-Rechts-Zuordnung, insbesondere der Schreibrichtung, ein Hauptsymptom der Rechenschwäche. Das „Verdrehen" von Zahlen, hier die „7", ist dabei ein Merkmal, inwiefern dadurch auf eine Rechenschwäche erkennbar wird, ist in Kapitel 2.3.1 erklärt.

2.3. Schlussfolgerung

Der Eingangstest lieferte zweierlei Ergebnisse, zum einen konnte ich nun feststellen, ob die angekündigte Rechenschwäche tatsächlich eine war und zum anderen, wo das Förderkind Defizite hat. Diese Informationen waren essentiell für den Verlauf der Förderung und werden im Folgenden dargestellt.

2.3.1. Bezug zur Rechenschwäche

Es wird nun dargestellt, welches Urteil bezüglich der „Probleme beim Rechnen" ich mir nach der Testung gebildet habe. Dazu beziehe ich mich auf das Kapitel 2.2 in Teil A, samt seiner Unterkapitel. Vorweg ist zusagen, dass mir nicht bekannt ist, ob das Kind eine Hirnschädigung hat, wobei nicht davon auszugehen ist; demnach ist eine *Akalkulie* von vorneherein auszuschließen. Es bleibt also zu klären, ob das Kind an einer *Rechenstörung, Rechenschwäche* oder *Dyskalkulie* „leidet". Natürlich muss auch in Betracht gezogen werden, dass keine der Möglichkeiten zutrifft. Über die Intelligenz des Kindes kann ich keine Aussage treffen, allerding teilte mir die Lehrerin des Kindes mit, dass das Kind insgesamt eher durchschnittliche Leistungen in der Schule erbringt. Von daher würde ich die Dyskalkulie ausschließen. Diese Entscheidung wird dadurch gefestigt, dass das Erscheinungsbild der Rechenschwäche sehr gut zu dem Förderkind passt. Hauptsymptome der Rechenschwäche sind nach Schipper das *verfestigte zählende Rechnen*, sowie *Probleme bei der Rechts-Links-Unterscheidung*. An dem Eingangstest sind diese Symptome sehr gut nachzulesen. Es kommt hinzu, dass das Förderkind Probleme bei der Zahlensemantik hat, was nach Warnke ebenfalls Merkmal einer Rechenschwäche ist.

2.3.2. Bezug zum Förderbedarf

Unabhängig davon, welche Bezeichnung man wählt, hat das Kind Schwierigkeiten beim Rechnen und bedarf spezieller Förderung. Dabei wurde im Test deutlich, dass es Bereiche gab, in denen Probleme vorhanden auftauchten und andere, welche vernachlässigbar waren. Ein Bereich, welcher dringend Förderung benötigte, war die Zahlvorstellung bzw. der Erwerb eines Zahlkonzeptes. Das Förderkind hatte ebenfalls Probleme mit dem Zählen, was Voraussetzung für das strategieorientierte Rechnen ist, auch die simultane Zahlerfassung bereitete ihm Probleme. Die Rechts-Links-Kompetenz ist wie bereits erklärt, entscheidend in der Mathematik, was dem Förderkind ebenfalls massive Probleme bereitete. Es gab demnach große Schwachstellen bei dem Förderkind, die durch Förderung behoben werden sollten. Bereich wie die räumliche Vorstellung oder der intermodale Transfer bereiteten dem Kind weniger Problemen, weshalb hier schwerpunktmäßig weniger gefördert wurde.

3. Förderung

Die Förderstunden fanden wöchentlich über einen Zeitraum von zwölf Wochen statt, wobei die erste und letzte Sitzung keine Förderung war und wegen eines schulischen Termins einmal keine Förderung stattfand. Dadurch hatte ich effektiv neun Schulstunden Zeit, um das Kind zu fördern. Die genauen Inhalte richtete ich, orientiert an den allgemeinen Förderzielen, welche später erläutert werden, von Woche zu Woche danach aus, wie der Stand des Kindes war. Die Förderung belief sich auf 45 Minuten und fand in einem speziellen Differenzierungsraum statt, in dem das Kind nicht gestört war. Das Förderkind konnte bei Problemen auf Wendestäbe (siehe Anhang 11) oder Plättchen (siehe Anhang 7) zugreifen, um die Aufgabe mit Material zu lösen. Nun soll erläutert werden, wie die allgemeinen Förderziele zustande kamen, wie diese verstanden und umgesetzt wurden.

3.1. Allgemeine Förderziele

Es wurde bereits in Teil A, Kapitel 2.3.2 dargestellt, welche groben Defizite das Kind aufweist. Nun mussten diese nicht nur diagnostiziert, sondern auch dementsprechend gefördert werden. Dazu stellte ich mir allgemein Förderziele auf, die ich nach Ende der Förderung erreicht haben wollte. Diese werden nun kurz definiert:

- **Vervollständigung des Zahlkonzeptes**
  Hierbei zähle ich zum Zahlkonzept: der Zahlbegriff, die Zählkompetenz, die Zählprinzipien, die Zahlerfassung, die Zahlzerlegung.

- **Sicherer Umgang mit dem Zahlenraum bis 20**
  Auch wenn hier bei der Zahl „20" eine Grenze gezogen wird, so sollen das Verständnis bezüglich Bündelung und Stellwert gefestigt werden, sodass weiter gerechnet und gezählt werden kann.

- **Beginn des strategieorientierten Rechnens**
  Der Schwerpunkt liegt nicht auf diesem Ziel, allerdings soll bei Rechenaufgaben insgesamt auf Strategien hingewiesen werden, sodass das Kind dahingehend eingeführt wird.

Die Rechts-Links-Kompetenz stellte kein gesondertes Ziel dar, da sie innerhalb der Förderung beiläufig geübt wurde und im Prinzip durch jede Übung gefördert wurde. Außerdem ist anzumerken, dass sich diese Gegebenheit nach wenigen Förderstunden zum Besseren wendete.

3.2. Erläuterung des Förderplans

Generell war ich bemüht, die einzelnen Stunden abwechslungsreich zu gestalten. Zu diesem Zweck wechselte ich die Übungsformate und förderte dementsprechend auch unterschiedliche Kompetenzen. Um alle Förderstunden kurz darzustellen, befindet sich im Anhang der tabellarische Förderplan (siehe Anhang 3), sowie eine Erklärung aller Stunden (siehe Anhang 4).

3.3. Reflexion

Die Förderung verlief insgesamt sehr gut. In jeder Förderstunde erkannte ich den Lernzuwachs des Kindes. Es gab zwischendurch Phasen, in denen das Förderkind viel vergaß und unruhig war. Allerdings konnte ich durch ansprechende Übungen dieser Lustlosigkeit entgegenwirken. In der letzten Sitzung reflektierten wir gemeinsam, was wir erreicht hatten, dabei erklärte ich ihr auch in einfachen Worten, welche Ziele ich gesetzt hatte. Wir waren uns darüber einig, dass wir die Ziele relativ gut erreicht hatten. Besonders das Zahlkonzept ist bei dem Förderkind entsprechend gefestigt, der Zahlenraum bis „20" bereitet ihr keine Probleme mehr. Darüber hinausgehende Aufgaben brauchen viel Zeit, weil dieser Zahlenraum noch nicht automatisiert ist, obwohl das Prinzip verstanden wurde. Strategierorientiertes Rechnen fällt dem Förderkind noch schwer, es verfällt öfter in das Zählen zurück, wobei das Zählen an sich sehr gut funktioniert. Bei Aufgaben, die durch zählen nicht mehr gelöst werden können, wendet das Kind Strategien an, welche jedoch häufig das „Auffüllen bis zum Zehner" ist. Genau an diesem Punkt müsste zukünftige Förderung ansetzen. Die Rechenstrategien müssten vertieft und vielfältige Aufgaben dazu angeboten werden. Darüber hinaus kann dieser Schritt sogar innerhalb der Schule geleistet werden, da solche Strategien für jede Schülerin und jeden Schüler unerlässlich sind.

Schluss

Zu Beginn dieser Arbeit wurde folgende Forschungsfrage aufgeworfen: *Inwiefern kann Diagnose und gezielte Förderung einer Rechenschwäche entgegengewirkt werden? – Eine konkrete Betrachtung anhand eines Fallbeispiels.*

Aufgrund des wissenschaftlichen Vorgehens lässt sich diese Frage wie folgt beantworten: Diagnose und gezielte Förderung sind bei Schülerinnen und Schülern mit Rechenschwäche besonders wichtig und sinnvoll. Die Entwicklung des Zahlkonzeptes ist unheimlich komplex, weshalb es schnell zu Defiziten kommen kann. Kindern wird in der heutigen Gesellschaft schnell eine Lernstörung diagnostiziert, obwohl es sich meist lediglich um verfestigte Fehlkonzepte handelt. Räumt man diese aus, z.B. durch gezielte Diagnose und Förderung, kann man einer Rechenschwäche entgegenwirken. Das Seminar „Diagnose und individuelle Förderung aller Kinder beim Lernen von Mathematik" stellt uns Studenten genau vor diese Herausforderung: Wir testeten und förderten ein Kind mit Rechenschwäche, wobei wir innerhalb des theoretischen Seminars unterstützt und begleitet wurden. Diese Erfahrung war sehr kostbar, zum einen aufgrund des unheimlichen Erfahrungszuwachses, zum anderen aufgrund der Möglichkeit, einem Kind bei seinen Problemen zu helfen. Gleichzeitig muss ich dieses Erlebnis aber als einmalig ansehen, da es im späteren Schulalltag nur schwer möglich sein wird, sich so intensiv mit *einem* Kind zu beschäftigen.

Zur Förderung des Kindes muss ich sagen, dass ein großer Lernzuwachs auf Seiten des Förderkindes zu sehen ist. Auch besonders schön ist die Erfahrung bzw. Erkenntnis, dass das Kind unheimlich viel Spaß während der Förderung hatte. Dieses Erlebnis von Freude beim Rechnen, ist neben dem fachlichen Lernzuwachs, für mich als angehende Lehrkraft, der größte Erfolg der Förderung.

„Die Mathematik als Fachgebiet ist so ernst, dass man keine Gelegenheit versäumen sollte, dieses Fachgebiet unterhaltsamer zu gestalten"
(Zitat von Pascal Blaise, französischer Mathematiker und Philosoph)

Literaturverzeichnis

Born, A., & Oehler, C. (^{5}2013). *Kinder mit Rechenschwäche erfolgreich fördern. Ein Praxishandbuch für Eltern, Lehrer und Therapeuten.* Stuttgart: Kohlhammer.

Bos, W. (2008). *TIMSS 2007 Mathematische und naturwissenschaftliche Kompetenzen von Grundschulkindern in Deutschland im internationalen Vergleich.* Münster: Waxmann.

Bos, W., & Lankes, E., & Prenzel, M., & Schwippert, K., & Valtin, R. & Walther, G. (Hrsg.) (2003). *Erste Ergebnisse aus IGLU. Schülerleistungen am Ende der vierten Jahrgangsstufe im internationalen Vergleich.* Münster: Waxmann.

Bruner, J. (1966). *The Process of Education.* Cambridge: Harvard University Press.

Dilling, H., & Mombour, W., & Schmidt, M.H. (Hrsg.) (1993). *Internationale Klassifikation psychischer Störungen ICD-10 Kapitel V (F) Klinisch-diagnostische Leitlinie.* Bern: Huber.

Dürre, R. (2001). *Rechenschwäche – das Trainingsprogramm für Ihr Kind.* Freiburg: Herder Spektrum.

Fritz, A., & Rücken, G. (2008). *Rechenschwäche.* München, Basel, Reinhardt: UTB.

Fuson, K.C. (1988). *Children's Number and Counting Concept.* New York: Springer.

Gelman, R., & Gallistel, C.R. (1978). *The Child's Understanding of Numbers.* Cambridge: Harvard University Press.

Gölitz, D., & Roick, T., & Hasselhorn, M. (2006). *Deutscher Mathematiktest für vierte Klassen: DEMAT 4.* Deutsche Schultests. Göttingen: Hogrefe.

Klewitz, G., & Köhnke, A., & Schipper, W. (2008). *Rechenstörung als schulische Herausforderung. Handreichung zur Förderung bei besonderen Schwierigkeiten im Rechnen.* Ludwigsfelde-Struveshof: LISUM.

Krajewski, K. (2003). *Vorhersage von Rechenschwäche in der Grundschule.* Hamburg: Dr. Kovač.

Krauthausen, G., & Scherer, P. (^{3}2008). *Einführung in die Mathematikdidaktik.* Heidelberg: Spektrum Akademischer Verlag.

Krüll, K. (1994). *Rechenschwäche – was tun?.* München: E. Reinhardt.

Lorenz, J. H. (2006). *Hamburger Rechentest. Manual.* Hamburg

Lorenz, J.H. (2014). Rechenschwäche. In G.W. Lauth (Hrsg.), *Interventionen bei Lernstörungen. Förderung, Training und Therapie in der Praxis* (S. 43-56). Göttingen et al: Hogrefe.

Lorenz, J. H., & Radatz, H. (^{8}2008). *Handbuch des Förderns im Mathematikunterricht.* Hannover: Schroedel.

Mittrig, G. (1999): *Was geht in dir vor, wenn du rechnest? Ein Beitrag zum Thema: Wie lernen Schüler.* Universität Köln.

Nestle, W. (2003). *Qualitative Diagnose bei Schwierigkeiten im Mathematikunterricht.* Reutlingen: Pädagog. Hochschule Ludwigsburg, Fakultät für Sonderpädagogik.

Padberg, F. & Benz, C.([4]2011). *Didaktik der Arithmetik. Für Lehrerausbildung und Lehrerfortbildung.* Heidelberg: Spektrum Akademischer Verlag.

Scherer, P., & Moser Opitz, E. (2012). *Fördern im Mathematikunterricht der Primarstufe.* Heidelberg: Spektrum Akademischer Verlag.

Schwarz, M. (2002). *Rechenschwäche. Wie Eltern helfen können.* Berlin: Urania Verlag.

Zeitschriften

Henschen, S. E. (1919). Über Sprach-, Musik- und Rechenmechanismen und ihre Lokalisationen im Großhirn. *Zeitschrift für die gesamte Neurologie und Psychiatrie,* 52, S. 273-298.

Krajewski, K., & Schneider, W. (2009). Early development of quantity to number-word linkage as a precursor of mathematical school achievement and mathematical difficulties. Findings from a four-year longitudinal study. *Learning and Instruction,* 19(6), S. 513-526.

Warnke, A. ([3]2000). Umschriebene Entwicklungsstörungen. In H. Remschmidt, & G. Niebergall, & C. Fleischhaker (Hrsg.), *Kinder- und Jugendpsychiatrie* (S. 131–143). Stuttgart: Thieme.

Internetquellen und Websites

Gerster, H.D. (2004). *Kurz-Information zum Thema Rechenschwäche.* Abgerufen am 16.03.2015, verfügbar unter: http://www.irtberlin.de/download/Gerster-Broschuere.pdf

Guder, K. (2011). *Mathematischen Kompetenzen erheben, fördern und herausfordern.* Abgerufen am 16.03.2015, verfügbar unter: http://www.sinus-an-grundschulen.de/fileadmin/uploads/Material_aus_SGS/Handreichung_Guder_2011_V3.pdf

Kultusministerkonferenz. (2012). *Vereinbarung zur Weiterentwicklung von VERA.* Abgerufen am 16.03.2015, verfügbar unter: http://www.kmk.org/fileadmin/veroeffentlichungen_beschluesse/2012/2012_03_08_Weiterentwicklung-VERA.pdf

Anhang

Anhang 1

Eingangstest

Bereich	+/-	Reaktion Kind	Aufgabenstellung
1. Zählen			
vorwärts: 1-20			„Zähle vorwärts von 1-20."
vorwärts: 13-20			„Zähle vorwärts von 13-20."
rückwärts: 20-0			„Zähle rückwärts von 20-0."
rückwärts: 10-0			„Zähle rückwärts von 10-0."
rückwärts: 18-7			„Zähle rückwärts von 18-7."
2. Zahlerfassung			
Blitzerkennung lose Würfel (Anzahl maximal 10) (siehe Anhang 5)			„Ich zeige dir gleich Würfel. Die zeige ich dir aber nur ganz kurz, und du sagst mir bitte, wie viele es waren."
Blitzerkennung Zwanzigerfeld (siehe Anhang 6)			„Ich zeige dir jetzt ein Zwanzigerfeld in dem eine Zahl abgebildet ist. Das zeige ich dir aber wieder nur ganz kurz, und du sagst mir bitte, welche Zahl es ist."
Mächtigkeit vergleichen			Zwei Haufen mit Süßigkeiten. Tester: - „Zeige mir, wo mehr sind?" „Sind die Mengen gleich?"
Kardinalzahlaspekt			Plättchenhaufen (siehe Anhang 7). Tester: - „Gib mir bitte 5 (12, 17) Plättchen."
Ordinalzahlaspekt			Plättchenschlange. Tester: - „Gib mir das 2. (9.,17.) Plättchen."

3. Rechnen

5+3	**Kopfrechnen (opt. mit Material)**	Testkind soll die Aufgaben lösen, bei Bedarf darf ein Zwanzigerfeld mit Plättchen genutzt werden.
3+12	**Kopfrechnen (opt. mit Material)**	
2+12	**Kopfrechnen (opt. mit Material)**	
10+17	**Kopfrechnen (opt. mit Material)**	
9-5	**Kopfrechnen (opt. mit Material)**	
20-11	**Kopfrechnen (opt. mit Material)**	
10+20	**Analogien (opt. Aufschreiben)**	Testkind soll die Aufgabe ohne Material lösen, bei Bedarf darf die Aufgabe notiert werden.
2+3	**Analogien (opt. Aufschreiben)**	
20+30	**Analogien (opt. Aufschreiben)**	
50+30	**Analogien (opt. Aufschreiben)**	

4. intermodaler Transfer

a) verbal-symbolisch (vorgegeben)		Tester gibt Rechengeschichte vor: *„Ich habe 10 Bonbons. Anna gibt*

a) nonverbal-symbolisch	*mir noch 3 dazu. Wie viele habe ich?"*
a) enaktiv	Testkind soll die Rechenaufgabe benennen, mit Material legen und ein Bild dazu malen.
a) ikonisch	
b) nonverbal-sybolisch (vorgegeben)	Tester gibt Aufgabe in Rechensymbole vor: *"(aufgeschrieben) 14-2=12"*
b) verbal-symbolisch	Testkind soll eine Rechengeschichte erzählen, mit Material legen und ein Bild dazu malen.
b) enaktiv	
b) ikonisch	
5. Rechts-links-Schreiben	
10	Die Zahlen sollen von dem Kind aufgeschrieben und anschließend vorgelesen werden.
27	
72	
80	
25	
52	
6. Räumliche Vorstellung	
Würfeltürmchen	Bild von zwei Würfeltürmchen (siehe Anhang 8) vergleichen. Tester: *„Was musst du machen, dass aus dem linken Turm der Rechte wird?"*

Legende:

+ = Kind konnte Aufgabe ohne Hilfe und Probleme lösen.

0 = Kind brauchte Hilfe oder einen zweiten Versuch zum lösen.

- = Aufgabe konnte nicht gelöst werden.

TK = Testkind

Anhang 2

Ausgefüllter Eingangstest

Bereich	+/0/-	Reaktion Kind	Aufgabenstellung
1. Zählen			
vorwärts: 1-20	+	erfolgreich, allerdings Eindruck, dass „rein Auswendiglernen".	„Zähle vorwärts von 1-20."
vorwärts: 13-20	0	beim ersten Versuch überspringen der „16", beim zweiten Versuch erfolgreich.	„Zähle vorwärts von 13-20."
rückwärts: 20-0	0	beim ersten Versuch überspringen der „11", beim zweiten Versuch erfolgreich. TK wusste erst nicht was „rückwärts zählen" bedeutet.	„Zähle rückwärts von 20-0."
rückwärts: 10-0	+	erfolgreich, allerdings Eindruck, dass „rein Auswendiglernen". Langes Überlegen; Eindruck, dass Kind immer wieder vorwärts zählt und sich die Zahl merkt.	„Zähle rückwärts von 10-0."
rückwärts: 18-7	-	nicht erfolgreich	„Zähle rückwärts von 18-7."
2. Zahlerfassung			
Blitzerkennung lose Würfel (Anzahl maximal 10) (siehe Anhang 5)	0	bis „6" keine Probleme, ab dann Probleme, auch bei geordneter Anordnung (z.B. 4+4)	„Ich zeige dir gleich Würfel. Die zeige ich dir aber nur ganz kurz, und du sagst mir bitte, wie viele es waren."
Blitzerkennung Zwanzigerfeld (siehe Anhang 6)	0	einige Probleme, allerdings schon beginnend automatisiert aufgrund des Einsatzes im Regelunterricht. Zwischen „15-20" Probleme. Zahl „20" wird als Hundert benannt.	„Ich zeige dir jetzt ein Zwanzigerfeld in dem eine Zahl abgebildet ist. Das zeige ich dir aber wieder nur ganz kurz, und du sagst mir bitte, welche Zahl es ist."
Mächtigkeit vergleichen	+	erfolgreich, TK möchte gerne zur Sicherheit nochmal genau zählen.	Zwei Haufen mit Süßigkeiten. Tester: - „Zeige mir wo mehr sind." - „Sind die Mengen gleich?"
Kardinalzahlaspekt	+	zählt ab, erfolgreich	Plättchenhaufen (siehe Anhang 7). Tester: - „Gib mir bitte 5 (12, 17) Plättchen."
Ordinalzahlaspekt	+	zählt ab, erfolgreich (leider zweimal verzählt)	Plättchenschlange. Tester: - „Gib mir das 2. (9., 17.)

Plättchen."

3. Rechnen

5+3	Kopfrechnen (opt. mit Material)	+	ohne Material, erfolgreich	TK soll die Aufgaben lösen, bei Bedarf darf ein Zwanzigerfeld mit Plättchen oder die Hände genutzt werden.
13+2	Kopfrechnen (opt. mit Material)	+	ohne Material, erfolgreich	
2+12	Kopfrechnen (opt. mit Material)	0	mit Material, Schwierigkeiten → TK: „Die kleine Zahl steht ja vorne, wie geht das denn?". Rechnen mit den Fingern löste das Problem.	
9+7	Kopfrechnen (opt. mit Material)	0	mit Material, Probleme beim Übergang, durch Rechnen mit den Fingern gelöst	
9-5	Kopfrechnen (opt. mit Material)	+	ohne Material, erfolgreich	
20-11	Kopfrechnen (opt. mit Material)	0	mit Material, Schwierigkeiten aufgrund fehlender Strategie, reines „herunter zählen" mit den Fingern	
10+20	Analogien (opt. Aufschreiben)	0/+	Anlaufschwierigkeiten, Aufgabe wurde zwar gelöst aber eher durch wiederholtes „10" addieren, Analogie nicht wirklich erkannt.	TK soll die Aufgabe ohne Material lösen, bei Bedarf darf die Aufgabe notiert werden.
2+3	Analogien (opt. Aufschreiben)	+	erfolgreich	
20+30	Analogien (opt. Aufschreiben)	+	aufgrund vorangehender Aufgabe erfolgreich	
50+30	Analogien (opt. Aufschreiben)	0	beim ersten Versuch gescheitert, beim zweiten Versuch erinnert sich TK an „2+3" und „20+30" → dann erfolgreich	

4. intermodaler Transfer

a) verbal-symbolisch (vorgegeben)			Tester gibt Rechengeschichte vor: *„Ich habe 5 Bonbons. Anna gibt mir noch 3 dazu. Wie viele habe ich?"*
a) nonverbal-symbolisch	+	schreibt direkt auf: 5+3=13, erfolgreich	
a) enaktiv	+	benötigt Zeit, aber löst Aufgabe korrekt mit Plättchen	
a) ikonisch	0	TK weiß nicht wie ein Bild dazu aussehen soll. Nach dem Hinweis Anna und die Äpfel	TK soll die Rechenaufgabe

		zu malen, löst sie die Aufgabe.	benennen, mit Material legen und ein Bild dazu malen.
b) nonverbal-symbolisch (vorgegeben)			
b) verbal-symbolisch	-	TK erzählt zwar eine Geschichte in der die Zahlen vorkommen und etwas „weggenommen" wird, allerdings ist die Rechenaufgabe nicht durch die Geschichte gelöst.	Tester gibt Aufgabe in Rechensymbole vor: *(aufgeschrieben) 14-2=12"* TK soll eine Rechengeschichte erzählen, mit Material legen und ein Bild dazu malen.
b) enaktiv	+	TK benötigt weniger Zeit, löst die Aufgabe korrekt mit Plättchen.	
b) ikonisch	+	TK malt direkt ein sinnvolles Bild, benutzt wieder Anna und die Bonbons aus der Aufgabe davor.	
5. Rechts-Links-Unterscheidung/Schreiben			
10	0	TK schreibt erst die „0", dann die „1", allerdings ist die Zahl richtig.	Die Zahlen sollen von dem Kind aufgeschrieben und anschließend vorgelesen werden.
27	-	TK schreibt die Zahl „7" falsch herum, aber Zahl „27" richtig herum.	
72	+	TK schreib Zahl richtig.	
80	-	TK schreibt „18"	
25	0	TK schreibt erst „5" dann „2", allerdings ist die Zahl richtig.	
52	0	TK schreibt erst „2" dann „5", allerdings ist die Zahl richtig.	
6. Räumliche Vorstellung			
Würfeltürmchen	+	TK löst schnell und korrekt.	Bild von zwei Würfeltürmchen (siehe Anhang 8) vergleichen. Tester:.. *Was musst du machen, dass aus dem linken Turm der Rechte wird?"*

Legende:

+ = Kind konnte Aufgabe ohne Hilfe und Probleme lösen.

0 = Kind brauchte Hilfe oder einen zweiten Versuch zum lösen.

- = Aufgabe konnte nicht gelöst werden.

TK = Testkind

Anhang 3

Tabellarischer Förderplan

#	Datum	Inhalt der Stunde	Förderziel
/	03.11.2014	Testung	
1	10.11.2014	Links-Rechts-Übung (Körperteile)	Links-Rechts-Kompetenz
		Blitzerkennung im 20er Feld	Zahlerfassung
		Zählübungen mit Bildern	Zählkompetenz
		„Hallo Galli" Spiel	Zahlerfassung
2	17.11.2014	Memory bis 10	Zahlbegriff, Zahlerfassung
		Würfelbecher mit 1, 2 Würfel	Zahlerfassung
		Zahlenschlange bis 20	Zahlwortreihe
3	24.11.2014	Quartette bis 10	Zahlerfassung
		Zahlen schreiben (links-rechts) nach Bildern bis 100	Links-Rechts-Kompetenz, Zahlerfassung
		Würfeln mit „Würfelchen Dimartino"	Zahlzerlegung
4	01.12.2014	Memory bis 100	Zahlbegriff, Zahlerfassung, Stellenwert/Bündelung
		Übung zum intermodalen Transfer	Intermodaliltät
		Zahlen „würfeln" mit einem zehnseitigen Würfel	Links-Rechts-Kompetenz, Zahlbeziehung, Zahlvorstellung
5	08.12.2014	Vorgänger-Nachfolger-Übung	Zahlbeziehung
		Übung zum intermodalen Transfer	Intermodaliltät
/	15.12.2014	ausgefallen wegen Schulveranstaltung (Theater)	
6	12.01.2015	Monopoly Junior	Rechnen mit Lebensweltbezug (Strategien)
7	19.01.2015	Zahlenschlange bis 100	Zahlwortreihe
		Steckwürfel bis 100	Zahlerfassung
		Rechnen am Zahlenstrahl (Addition) als Einführung	Verdeutlichung von Rechenwegen, (Strategien)
8	26.01.2015	Zahlenmauern	Rechnen (Strategien)
		Rechnen am Zahlenstrahl (Addition + Subtraktion)	Verdeutlichung von Rechenwegen, (Strategien)
		Übung zum intermodalen Transfer	Intermodaliltät
9	02.02.2015	Analogierechnen (5+3 & 50 + 30)	Zahlverständnis
		Bündelung mit Material bis max.499 (Maoams, Tütchen, Kiste), Notation der Ergebnisse	Stellewertverständnis
		Zahlenmauern	Rechnen (Strategie)
/	09.02.2014	Reflexion mit dem Kind, Abschluss	

Anhang 4

Erläuterung Förderplan

1. Förderstunde am 10.11.2014

Die erste Übung in dieser Förderstunde sollte die Links-Rechtskompetenz fördern. Aufgrund des spielerischen Charakters wählte ich dies als Einstieg in die Förderung, um den Kontakt zu dem Kind aufzubauen und mit Spaß zu beginnen. Dabei standen wir nebeneinander und streckten auf gegenseitiges Kommando den rechten Arm, die linke Hand, der rechte Fuß, das linke Bein etc. nach vorne oder hinten. Es folgte die „Blitzerkennung" im Zwanzigerfeld als zweite Übung. Dazu erstellte ich ein Zwanzigerfeld, in dem sowohl die Zehner- als auch die Fünferstruktur erkennbar sind. (siehe Anhang 5). Die Aufgabe des Kindes war es, innerhalb sehr kurzer Betrachtungszeit die Zahl simultan zu erfassen, was auch dem Förderziel „Zahlen simultan bzw. quasisimultan zu erfassen" entsprach. Die dritte Übung stellte eine Zählübung dar, bei dem ich dem Kind Bilder zeigte, auf denen Gegenstände gezählt werden mussten (siehe Anhang 6). Das Ziel dieser Übung war es, die Zählkompetenz zu fördern. Zum Abschluss spielten wir eine kurze Runde „HalliGalli", wobei man eine Klingel betätigen muss, wenn die Summe der gleichen Früchte auf der Karte fünf ergibt. Gleichzeitig wurde damit die simultane Zahlerfassung, sowie die Koordination gefördert.

2. Förderstunde am 17.11.2014

Diese Stunde begann mit einem Zahlenmemory bis 10, wobei die Zahlen im Zehnerfeld und als Symbolzahl dargestellt sind. Förderziel bei diesem Spiel ist es, den Zahlbegriff zu verinnerlichen und simultane Zahlerfassungen zu automatisieren. Als nächstes übte ich mit dem Kind die simultane Zahlerfassung mit Würfeln. Dabei würfelte ich am Anfang mit einem, später mit zwei Würfeln und zeigte diese dem Kind nur ganz kurz. Ähnlich wie bei der „Blitzerkennung" im Zwanzigerfeld musste die Zahl simultan erfasst (bei einem Würfel) bzw. erst simultan erfasst und dann durch Rechnen benannt werden (bei zwei Würfeln: z.B. 5+6 =11). Zum Abschluss sollte das Kind eine Zahlenschlange (siehe Anhang 7) ausfüllen. Dabei wurden im Zahlenraum bis 30 einzelne Zahlen weggelassen, welche durch das Kind eingesetzt werden sollten, dies schulte die Festigung der Zahlwortreihe.

3. Förderstunde am 24.11.2014

Ich begann hier mit einem Zahlenquartette im Zahlenraum bis 10, als Erweiterung des Memorys. Dabei gab es zweimal die Zehnerfelddarstellung, die Symbolzahldarstellung und die lose Darstellung von Punkten. Die zweite Übung gestaltete sich so, dass Zahlen mit Zehnerstäben und einzelnen Würfeln auf Bildern dargestellt waren, das Kind die Zahl erfassen und anschließend aufschreiben musste. Dabei achtete ich besonders auf die Versprachlichung und die Schreibrichtung. Ziel dieser Übung war es zum einen, die Zahlerfassung innerhalb dieser Zehnerbündelung und zum anderen die

Links-Recht-Kompetenz zu fördern, indem auf die Schreibrichtung der Zahlen geachtet wurde. Es war außerdem gefordert, zu erklären, wie viele Zehner und Einer abgebildet waren. Bei der letzten Übung lag der Schwerpunkt auf der Zahlzerlegung. Das Förderkind erhielt zehn Würfelchen, die jeweils rot und blau von verschiedenen Seiten waren. Aufgabe war es, zu würfeln und alle Zerlegungen von „10" aufzuschreiben. Zwischendurch wurde spekuliert, wie viele und welche Zerlegungen es gibt und wie die Lösung bei „8" oder „12" Würfeln aussehen würde.

4. Förderstunde am 01.12.2014

Zu Beginn dieser Stunde spielten wir das Memory aus der zweiten Förderstunde, allerdings war es erweitert auf Zahlen bis „100". Dabei wurden die Förderziele aus der zweiten Förderstunde, durch das Verständnis des Stellenwertsystems bzw. der Bündelung, erweitert. Es folgten Aufgaben zum intermodalen Transfer, wobei das Kind eine vorgegebene Darstellungsform in die Anderen übertragen sollte. Diese Aufgaben förderten das flexible Wissen und sichern die Zahlvorstellung. Zum Abschluss hatte das Kind die Aufgabe, mit einem zehnseitigen Würfel, auf dem die Ziffern 0-9 abgebildet sind, zu würfeln und die zweistellige Zahl zu notieren. Dabei gab es immer zwei Möglichkeiten (z.B. 63 oder 36), wobei beide von dem Kind notiert werden mussten. Anschließend verglichen wir die Größe der Zahlen mit und ohne Hilfe des Zahlenstrahls. Hierbei wurden verschiedene Bereiche gefördert: die Links-Rechtskompetenz, indem die Schreib-und Leserichtung gefestigt wurde; die Vorstellung von Zahlbeziehungen durch den Vergleich der beiden Zahlen, sowie damit einhergehend die Zahlvorstellung.

5. Förderstunde am 08.12.2014

Vorweg zu sagen ist, dass das Kind in dieser Stunde krank und emotional betroffen war, da es Streit in der Klasse gab. Aus diesem Grund musste ich erst Gespräche mit dem Kind führen und ihm aus seiner Traurigkeit helfen. Im verbleibenden Rest der Förderstunde erledigte das Kind erneut Übungen zum intermodalen Transfer und leichte Vorgänger-Nachfolger-Übungen, welche das Verständnis der Zahlbeziehung fördern sollten. Für schwere oder neuere Übungsformate war das Kind nicht in Verfassung.

6. Förderstunde am 12.01.2015

In der ersten Stunde nach den Weihnachtsferien wollte ich das Kind neu motivieren, weshalb ich mich dafür entschied, das Spiel Monopoly Junior zu spielen. Die Regeln entsprechen dem regulären Monopoly, wobei die Geldbeträge sehr gering sind, und es dementsprechend nur 1,2,3,4 und 5 Euroscheine gibt. Das Ziel hier war zum einen, Mathematik und Rechnen in einen nicht-schulischen Kontext zu setzen und zum anderen, den spielerischen Umgang mit Geld, die Zahlvorstellung, sowie das Operationsverständnis zu fördern.

7. Förderstunde am 19.01.2015

In dieser Stunde füllte das Förderkind eine Zahlenschlange bis 100 aus, entsprechend dem Prinzip aus der zweiten Förderstunde. Danach stellte das Kind mit Steckwürfeln Zahlen im Hunderterraum dar, hierbei wurde die Zählkompetenz, sowie die Fähigkeit zu bündeln, gefördert. Anschließend wurden einfache Additionsaufgaben am Zahlenstrahl gerechnet, indem die einzelnen Rechenschritte durch einen Bogen markiert wurden.

8. Förderstunde am 26.01.2015

In dieser Stunde war es die Aufgabe des Kindes, Zahlenmauern zu bearbeiten. Da ich in dieser Stunde zum ersten Mal dieses Übungsformat anwendete, waren lediglich leichtere Aufgaben zu erledigen. Fortgeführt wurde das Übungsformat aus der siebten Stunde, das Rechnen am Zahlenstrahl. Die Aufgaben waren nun etwas komplexer, und das Kind konnte selbst Aufgaben erstellen. Außerdem gab ich Subtraktions- und Additionsaufgaben vor, die letzte Übung war wiederholend zum intermodalen Transfer.

9. Förderstunde am 02.02.2015

In der letzten nutzbaren Förderstunde versuchte ich dem Kind letzte Impulse zu geben, um sich im weiteren Mathematikunterricht zurechtzufinden. Deshalb bearbeitete das Kind Aufgaben zum Analogierechnen, wobei Steckwürfel benutzt werden durften. Außerdem stellte ich natürlich differenzierte Zahlenmaueraufgaben, die das Kind herausforderten. Zum Abschluss wollte ich das Stellenwert- und Bündelungsverständnis vertiefen, weshalb ich Material mitbrachte, um „real" zu bündeln. Bei dem Material handelte es sich um die Kaubonbons „Maoam", da diese einzeln verpackt waren, um Frühstücksbeutel und exemplarisch vier Kiste. Die einzelnen Bonbons repräsentierten die Einer. Zehn Bonbons durften in eine Tüte, welche den Zehner darstellte und zehn Tüten in einen Karton, was für den Hunderter stand. Zuerst gab ich Zahlen vor, die wir gemeinsam bündelten, später tat das Kind dies allein oder ging den umgekehrten Weg, um von dem Material auf die Zahl zu schließen.

Anhang 5

Blitzerkennung Würfel

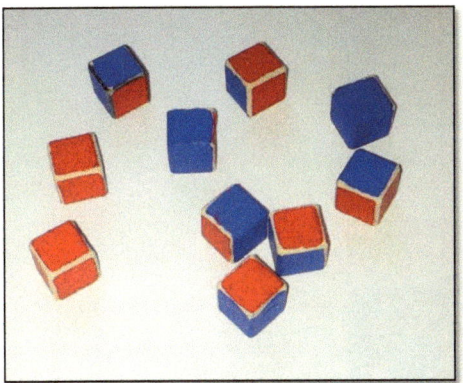

Anhang 6

Blitzerkennung Zwanzigerfeld (Beispiel: „13", „17")

Anhang 7

„Plättchen"

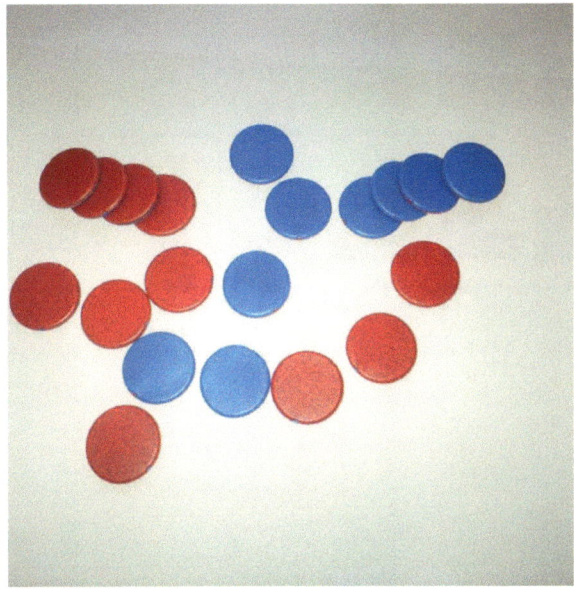

Anhang 8

„Würfeltürmchen" (acht Blätter)

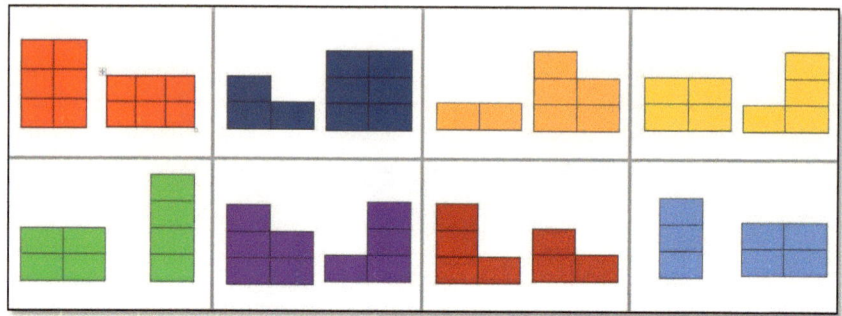

Anhang 9

„Zählbild"

Quelle: http://www.karikatur-
museum.de/_user/customer/7/images/zoom/20121215091529_Axel_Scheffler,_Wimmelbild_mit_Tier
en_%C2%A9_Axel_Scheffler_2012-2013-kl.Datei.jpg

Abgerufen am: 16.03.2015

Anhang 10

„Zahlenschlange" bis 30

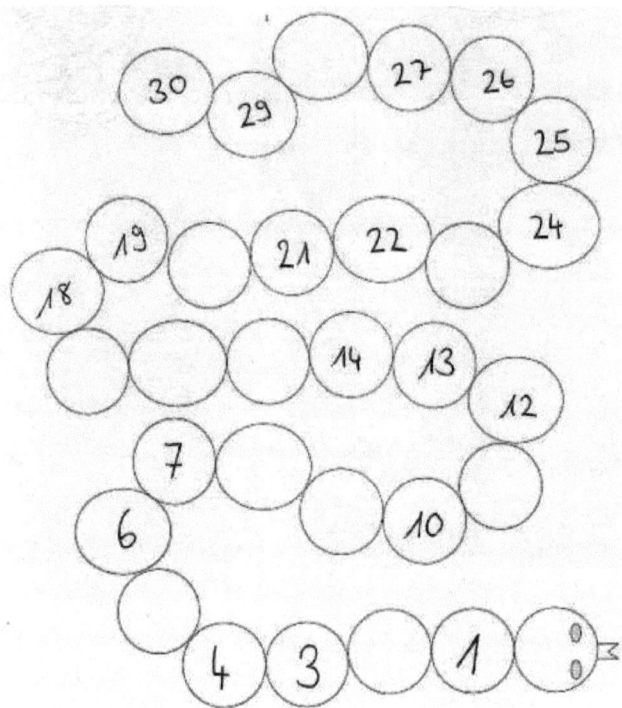

In Anlehnung an: http://www.legasthenieserver.com/AB/pdf/AB-6955-01-004.pdf

Anhang 11

„Wendestäbe"

Anhang 12

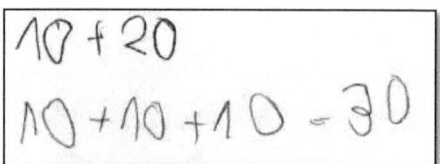

Anhang 13

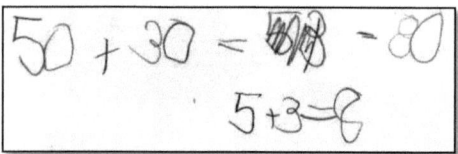

Anhang 14

Anhang 15

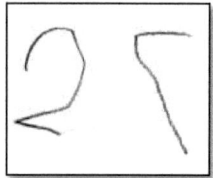